SITZUNGSBERICHTE DER DEUTSCHEN AKADEMIE
DER WISSENSCHAFTEN ZU BERLIN

Klasse für Mathematik, Physik und Technik
Jahrgang 1955 Nr. 1

HANS ERTEL

HYDROSTATISCHE HOMOTROPIE IM ERDINNERN UND LEGENDRES DICHTEGESETZ

1955

AKADEMIE-VERLAG · BERLIN

Vorgelegt in der Gesamtsitzung vom 26. Mai 1955
Zum Druck genehmigt am gleichen Tage, ausgegeben am 25. August 1955

Erschienen im Akademie-Verlag GmbH., Berlin W 8, Mohrenstraße 39
Veröffentlicht unter der Lizenznummer 1218
des Amtes für Literatur und Verlagswesen der Deutschen Demokratischen Republik
Satz und Druck der Buchdruckerei F. Mitzlaff KG., Rudolstadt/Thür. V/14/7 – (585)
Bestell- und Verlagsnummer 2010/55/I/1
Preis: DM 1,–
Printed in Germany

INHALTSÜBERSICHT

I. Hydrostatische Homotropie-Relationen 5

II. Homotropie-Relationen und LEGENDRES Dichtegesetz . . 6

III. Homotropie-Koeffizienten 7

IV. Die Homotropie-Relationen auf Grund der Hypothese $h_\Phi^\varrho = \text{const} < 0$ 9

V. Asymmetrische und rotationssymmetrische Massenanordnungen, für welche die Homotropie-Relationen des kugelsymmetrischen LEGENDREschen Dichtefeldes gelten . . . 10

VI. Zusammenfassung 12

Literaturnachweise 14

I. Hydrostatische Homotropie-Relationen

Es wird in der Geophysik angenommen, daß sich die Materie im Innern der Erde unterhalb der Erdkruste weitgehend im Zustand des hydrostatischen Gleichgewichts befindet, so daß dort Potential Φ, Druck p und Dichte ϱ durch die hydrostatische Grundgleichung

$$\varrho\, d\Phi + dp = 0 . \tag{1}$$

miteinander verbunden sind. Wird dazu das Dichtefeld als stetiges vorausgesetzt, so müssen für jeden im Erdinnern gelegenen geschlossenen Integrationsweg die Integrale

$$\oint \varrho\, d\Phi = 0, \qquad \oint \frac{dp}{\varrho} = 0 \tag{2}$$

sein wegen der Eindeutigkeit und Stetigkeit des Drucks und des Potentials, d. h. es müssen zwei Funktionalbeziehungen

$$H_1(\Phi, \varrho) = 0, \qquad H_2(p, \varrho) = 0 \tag{3}$$

existieren, die in der physikalischen Hydrodynamik „Homotropie-Relationen“ genannt werden [Lit. (1)], weil sie die analytischen Ausdrücke für das Zusammenfallen der Flächensysteme $\Phi = \text{const}$, $\varrho = \text{const}$ und $p = \text{const}$ darstellen. Durch Elimination von ϱ aus dem System (3) erhält man die weitere Homotropie-Relation $H_3(\Phi, p) = 0$.

Diese Homotropie-Relationen sind Gleichungen von „geometrischer“ Bedeutung; die Kenntnis von zwei Homotropie-Relationen ist notwendig und hinreichend, um für eine ausgewählte Fläche eines der drei Systeme der Feldgrößen (Φ, ϱ, p) die dieser ausgewählten Fläche zukommenden Funktionswerte der anderen beiden Feldgrößen zu berechnen, so daß wir uns im folgenden auf die Betrachtung zweier Homotropie-Relationen, etwa $H_1(\Phi, \varrho) = 0$ und $H_2(p, \varrho) = 0$ beschränken können.

II. Homotropie-Relationen und LEGENDRES Dichtegesetz

Im Falle des kugelsymmetrischen Dichtegesetzes von LEGENDRE [Lit. (2—6)]

$$\varrho = \varrho_0 \cdot \frac{\sin(\mu r)}{\mu r} \tag{4}$$

(ϱ_0 = Dichte im Erdmittelpunkt $r = 0$; $\mu = \text{const}$) entsprechen den Homotropie-Relationen (3) die sehr einfachen Beziehungen

$$\Phi + \frac{4\pi\varkappa}{\mu^2} \cdot \varrho = \text{const} \tag{5}$$

und

$$p - \frac{2\pi\varkappa}{\mu^2} \cdot \varrho^2 = \text{const}, \tag{6}$$

worin $\varkappa$ die NEWTONsche Gravitationskonstante bedeutet. Der Beweis ergibt sich leicht aus der POISSONschen Differentialgleichung

$$\frac{1}{r^2} \frac{d}{dr}\left(r^2 \frac{d\Phi}{dr}\right) = 4\pi\varkappa\varrho \tag{7}$$

eines kugelsymmetrischen Potentials in Verbindung mit der Differentialform

$$\frac{1}{r^2} \frac{d}{dr}\left(r^2 \frac{d\varrho}{dr}\right) + \mu^2\varrho = 0 \tag{8}$$

des LEGENDREschen Dichtegesetzes (4), indem aus den Gleichungen (7, 8) für die Kombination $\Phi + \frac{4\pi\varkappa}{\mu^2} \cdot \varrho$ die Differentialgleichung

$$\frac{d}{dr}\left\{r^2 \frac{d}{dr}\left(\Phi + \frac{4\pi\varkappa}{\mu^2} \cdot \varrho\right)\right\} = 0 \tag{9}$$

resultiert, deren für $r = 0$ reguläre Lösung durch (5) dargestellt wird.

Multipliziert man das Differential von (5) mit $-\varrho$ und beachtet die statische Grundgleichung (1), so erhält man

$$dp - \frac{4\pi\varkappa}{\mu^2} \cdot \varrho\, d\varrho = 0 \tag{10}$$

und hieraus durch Integration die Gleichung (6).

Indem somit das LEGENDREsche Dichtegesetz (4) die Aufstellung der Gleichungen (5, 6) ermöglicht, werden letztere vielfach als „die zum LEGENDREschen Gesetz gehörenden" Homotropie-Relationen aufgefaßt. Es wird nachstehend gezeigt, daß diese Auffassung zu eng ist, indem der Nachweis erbracht wird, daß die einfache Form der Homotropie-Relationen (5, 6) auch für bestimmte Dichtefelder nicht-kugelsymmetrischer Art bestehen bleibt.

III. Homotropie-Koeffizienten

An Stelle der Homotropie-Relationen kann man sich in der physikalischen Hydrodynamik auch der sogenannten Homotropie-Koeffizienten bedienen, die durch

$$h_{\Phi}^{\varrho} = \frac{d\varrho}{d\Phi} = -\frac{\dfrac{\partial H_1}{\partial \Phi}}{\dfrac{\partial H_1}{\partial \varrho}}, \tag{11}$$

$$h_{p}^{\varrho} = \frac{d\varrho}{dp} = -\frac{\dfrac{\partial H_2}{\partial p}}{\dfrac{\partial H_2}{\partial \varrho}}, \tag{12}$$

$$h_{\Phi}^{p} = \frac{dp}{d\Phi} = -\frac{\dfrac{\partial H_3}{\partial \Phi}}{\dfrac{\partial H_3}{\partial p}} \tag{13}$$

definiert sind und denen ebenso wie den Homotropie-Relationen, aus denen sie nach den vorstehenden Gleichungen (11—13) ableitbar sind, „geometrische" Bedeutung zukommt, d. h. die Homotropie-Koeffizienten drücken die Verhältnisse von Feldunterschieden aus. Da zwischen den drei Homotropie-Koeffizienten (11—13) die Beziehung

$$h_{\Phi}^{\varrho} = h_{p}^{\varrho} \cdot h_{\Phi}^{p} \tag{14}$$

besteht, können wir uns auf die Verwendung von zwei Koeffizienten beschränken und wählen hierfür h_{Φ}^{ϱ} und h_{Φ}^{p}.

Nach der statischen Grundgleichung (1) ist

$$h_{\Phi}^{p} = -\varrho, \tag{15}$$

während die Hydrostatik für h_{Φ}^{ϱ} keine Bestimmungsgleichung liefert und somit die Einführung einer Hypothese zuläßt. Die einfachste Hypothese ergibt sich durch folgende Überlegung: Ein *homogenes* Massenfeld wird durch

$$h_{\Phi}^{\varrho} = 0 \tag{16}$$

charakterisiert; dann ist die einfachste Generalisierung, die zu einem *inhomogenen* Massenfeld führt:

$$\frac{d h_{\Phi}^{\varrho}}{d\Phi} = 0, \quad \text{also} \quad h_{\Phi}^{\varrho} = \text{const}, \tag{17}$$

wobei zwecks geophysikalischer Anwendung der Hypothese $h_{\Phi}^{\varrho} = \text{const}$ zu beachten ist, daß die Konstante einen negativen Wert hat, weil im Erdinnern die Dichte mit wachsendem Potential abnimmt:

$$h_{\Phi}^{\varrho} = \text{const} < 0. \tag{18}$$

Der aus Stabilitätsgründen zu fordernden Annahme $h_{p}^{\varrho} > 0$ [Lit. (7)] wird hierdurch mit Rücksicht auf (14) und (15) genügt.

Wir entwickeln nachstehend die Folgerungen, welche sich aus dieser Hypothese (18) ergeben.

IV. Die Homotropie-Relationen auf Grund der Hypothese $h^{\varrho}_{\Phi} = \text{const} < 0$

Die Gleichung (11) zeigt in der Form

$$\frac{\partial H_1}{\partial \Phi} + \frac{\partial H_1}{\partial \varrho} \cdot h^{\varrho}_{\Phi} = 0 \tag{11 a}$$

sofort, daß $H_1(\Phi, \varrho)$ eine Funktion des Arguments $\Phi - \varrho/h^{\varrho}_{\Phi}$ sein muß:

$$H_1(\Phi, \varrho) = F_1(\Phi - \varrho/h^{\varrho}_{\Phi}), \tag{19}$$

so daß $H_1(\Phi, \varrho) = 0$

$$\Phi - \varrho/h^{\varrho}_{\Phi} = \text{const} \tag{20}$$

bedeutet, womit sofort wegen $h^{\varrho}_{\Phi} < 0$ die Form der Homotropie-Relation (5) ermittelt ist.

Die Gleichung (12) nimmt mit Rücksicht auf $h^{\varrho}_{p} = -h^{\varrho}_{\Phi}/\varrho$ gemäß (14, 15) die Form

$$\frac{\partial H_2}{\partial p} - \frac{\partial H_2}{\partial \varrho} \cdot \frac{h^{\varrho}_{\Phi}}{\varrho} = 0 \tag{12 a}$$

an, welche sofort erkennen läßt, daß $H_2(p, \varrho)$ eine Funktion des Arguments $p + \varrho^2/2h^{\varrho}_{\Phi}$ sein muß:

$$H_2(p, \varrho) = F_2(p + \varrho^2/2h^{\varrho}_{\Phi}), \tag{21}$$

so daß $H_2(p, \varrho) = 0$ die der Homotropie-Relation (6) entsprechende Gleichung

$$p + \varrho^2/2h^{\varrho}_{\Phi} = \text{const} \tag{22}$$

zur Folge hat. Somit haben wir in den Gleichungen (20, 22) die Formen der „zum (kugelsymmetrischen) Legendreschen Dichtegesetz gehörenden“ Homotropie-Relationen (5, 6) rein hydrostatisch mittels der Hypothese der Konstanz des „Homotropie-Koeffizienten der Dichte nach dem Potential" $h_\Phi^\varrho < 0$ abgeleitet, ohne das kugelsymmetrische LEGENDREsche Dichtegesetz und die kugelsymmetrische Form der POISSONschen Potentialgleichung verwenden zu müssen. Es ist daher anzunehmen, daß die Homotropie-Relationen (20, 22) auch für bestimmte Arten nicht-kugelsymmetrischer Massenanordnungen gelten, die dadurch bestimmt sind, daß die Homotropie-Relation (20), welche Potential und Dichte miteinander verknüpft, mit der gleichfalls Potential und Dichte verbindenden allgemeinen (nicht-kugelsymmetrischen) POISSONschen Potentialgleichung kompatibel sein muß, beide Gleichungen also zugleich gelten müssen.

V. Asymmetrische und rotationssymmetrische Massenanordnungen, für welche die Homotropie-Relationen des kugelsymmetrischen LEGENDREschen Dichtefeldes gelten

Während vor wenigen Dezennien die LEGENDREsche Dichteverteilung (4) zu den „wichtigsten Hypothesen" bezüglich des inneren Aufbaus des Erdkörpers gezählt wurde (B. GUTENBERG, a. a. O.), vertreten neuerdings LAMBERT und DARLING folgende Meinung: „LEGENDRES law has now in and for itself merely historical and mathematical interest" [Lit. (8)]. Es ist daher der Nachweis wichtig, daß es allgemeinere, nicht-kugelsymmetrische Dichtefelder gibt, für welche die gleichen, einfachen Homotropie-Relationen gelten, die dem LEGENDREschen Dichtefeld zukommen.

Da an der Abweichung von der Kugelsymmetrie die Rotation eines Himmelskörpers mitbeteiligt ist, haben wir die POISSONsche Potentialgleichung in der allgemeinen Form

$$\Delta \Phi = 4 \pi \varkappa \varrho - 2 \omega^2 \tag{23}$$

anzusetzen (Δ = LAPLACE-Operator; ω = (konstante) Winkelgeschwindigkeit der Rotation). Wird hierin Φ gemäß der Homotropie-Relation (20) substituiert, so resultiert für ϱ die Differentialgleichung

$$\Delta \varrho = 4\pi\varkappa h_{\Phi}^{\varrho} \cdot \left(\varrho - \frac{\omega^2}{2\pi\varkappa}\right). \tag{24}$$

Da $h_{\Phi}^{\varrho} = \text{const} < 0$ ist, führen wir eine neue positive Konstante μ^2 durch

$$\mu^2 = -4\pi\varkappa h_{\Phi}^{\varrho} \tag{25}$$

ein. Ferner beachten wir, daß $\omega^2/2\pi\varkappa$ nach dem POINCARÉschen Stabilitätskriterium [Lit. (9)] jene untere Grenzdichte (Minimaldichte) darstellt, die ein homogener Himmelskörper (bzw. ein inhomogener im Mittel) aufweisen muß, damit bei gegebener Rotationsgeschwindigkeit ω die Attraktion seine Stabilität garantiert. Der Dichteüberschuß $\overset{*}{\varrho} = \varrho - \omega^2/2\pi\varkappa$ muß dann nach (24, 25) der Differentialgleichung („Wellengleichung")

$$\Delta \overset{*}{\varrho} + \mu^2 \overset{*}{\varrho} = 0 \tag{26}$$

genügen.

Transformieren wir den LAPLACE-Operator auf Polarkoordinaten ϑ, λ, r (Poldistanz, Länge, Radialkoordinate), so ist die für $r = 0$ reguläre Lösung der Differentialgleichung (26) durch die Summe der Partikularlösungen [Lit. (10—14)]

$$\overset{*}{\varrho}_n = \frac{I_{n+1/2}(\mu r)}{\sqrt{\mu r}} \cdot Y_n(\vartheta, \lambda) \qquad (n = 0, 1, 2, \ldots) \tag{27}$$

gegeben, in denen

$$I_{n+1/2}(x) = \sqrt{\frac{2}{\pi}} \cdot x^{n+\frac{1}{2}} \left(-\frac{1}{x}\frac{d}{dx}\right)^n \frac{\sin x}{x} \tag{28}$$

BESSEL-Funktionen mit halbgebrochenem Index und

$$Y_n(\vartheta, \lambda) = \sum_0^n {}^m \left\{a_n^m \cos(m\lambda) + b_n^m \sin(m\lambda)\right\} P_n^m(\cos\vartheta) \tag{29}$$

LAPLACEsche Kugelflächenfunktionen mit den zugeordneten Kugelfunktionen $P_n^m(\cos\vartheta)$ darstellen, so daß sich das Dichtefeld

$$(30)\qquad \varrho = \sum_0^\infty {}_n \frac{I_{n+1/2}(\mu r)}{\sqrt{\mu r}} \cdot Y_n(\vartheta, \lambda) + \frac{\omega^2}{2\pi\varkappa}$$

ergibt.

Das LEGENDREsche Dichtegesetz (4) ist in (30) als kugelsymmetrischer Spezialfall

$$\omega = 0\,, \quad Y_0 = \varrho_0 \cdot \sqrt{\frac{\pi}{2}}\,, \quad Y_n(\vartheta, \lambda) = 0 \quad \text{für } n = 1, 2, 3 \ldots$$

enthalten, da nach (28)

$$(31)\qquad \frac{I_{1/2}(\mu r)}{\sqrt{\mu r}} = \sqrt{\frac{2}{\pi}} \cdot \frac{\sin(\mu r)}{\mu r}$$

gilt.

Im Falle der Rotationssymmetrie gehen die $Y_n(\vartheta, \lambda)$ in einfache Kugelfunktionen $P_n(\cos\vartheta)$ über, die mit Konstanten a_n $(n = 0, 1, 2, 3, \ldots)$ multipliziert sind:

$$(32)\qquad \varrho = \sum_0^\infty {}_n\, a_n \frac{I_{n+1/2}(\mu r)}{\sqrt{\mu r}} \cdot P_n(\cos\vartheta) + \frac{\omega^2}{2\pi\varkappa}\,,$$

worin im Falle hemisphärischer Symmetrie noch alle ungeraden Terme wegen $P_{2n+1}(\cos(\pi - \vartheta)) = -P_{2n+1}(\cos\vartheta)$ fortfallen.

VI. Zusammenfassung

Es wird gezeigt, daß die einfachen Homotropie-Relationen zwischen Dichte, Druck und Potential im Erdinnern, die hydrostatisch und potential theoretisch aus dem kugelsymmetrischen LEGENDREschen Dichtegesetz resultieren, nicht an eine kugelsymmetrische Schichtung der gravitierenden Massen gebunden sind, sondern für alle Massenanordnungen gelten, die durch einen konstanten Homotropiekoeffizienten der Dichte nach dem Potential charakterisiert sind. Das sind diejenigen Dichtefelder, welche durch die Lösungen der (zeitfreien) Wellengleichung dargestellt werden. Dieselben enthalten das LEGENDREsche Dichtegesetz als kugelsymmetrischen Spezialfall.

LITERATURNACHWEISE

[1] V. BJERKNES und Mitarbeiter, Physikalische Hydrodynamik. Berlin **1933,** 3.

[2] A. PREY, C. MAINKA und E. TAMS, Einführung in die Geophysik. Berlin **1922,** 170.

[3] B. GUTENBERG, Der Aufbau der Erde. Berlin **1925,** 43.

[4] K. JUNG, Mittlere Dichte der Erde, Gravitationskonstante, Dichte, Schwereintensität, Druck im Erdinnern. Handb. d. Exp.-Physik (WIEN-HARMS), Bd. XXV, 2. Leipzig **1931,** 349—357.

[5] E. TAMS, Grundzüge der physikalischen Verhältnisse der festen Erde. 1. Teil. Berlin **1932,** 28.

[6] O. MEISSER, Praktische Geophysik für Lehre, Forschung und Praxis. Dresden-Leipzig **1942,** 44.

[7] C. F. BAESCHLIN, Lehrbuch der Geodäsie. Zürich **1948,** 527.

[8] W. D. LAMBERT and F. W. DARLING, Density, Gravity, Pressure and Ellipticity in the Interior of the Earth. In: Internal Constitution of the Earth, ed. by B. GUTENBERG. Second Edition New York **1951,** 356.

[9] H. POINCARÉ, Figures d'équilibre d'une masse fluide. Paris **1903,** 11.

[10] A. G. WEBSTER und G. SZEGÖ, Partielle Differentialgleichungen der math. Physik. Leipzig-Berlin **1930,** 420.

[11] R. COURANT und D. HILBERT, Methoden der math. Physik, Bd. I. 2. Aufl. Berlin **1931,** 269.

[12] PH. FRANK und R. v. MISES, Die Differential- und Integralgleichungen der Mechanik und Physik, 2. Teil. 2. Aufl. Braunschweig **1935,** 865.

[13] F. SCHWANK, Randwertprobleme. Leipzig **1951,** 209.

[14] W. I. LEWIN und J. I. GROSBERG, Differentialgleichungen der math. Physik. Berlin **1952,** 262.

Bei Fragen zur Produktsicherheit wenden Sie sich bitte an:
If you have any questions regarding product safety,
please contact:

Walter de Gruyter GmbH
Genthiner Straße 13
10785 Berlin
productsafety@degruyterbrill.com